灭绝前夜
——重庆正阳恐龙探秘

陈 阳 张瑞刚 栾进华 李良林 吴国代 蒙 丽 等 **编著**

科学出版社

北京

内 容 简 介

这是一本介绍恐龙灭绝假说及重庆正阳恐龙化石的科学普及读物。本书用通俗的语言，介绍了一些关于恐龙的基本常识，世界上关于恐龙灭绝的多种假说，重庆正阳白垩纪晚期恐龙的发现历史、恐龙类型、生存时代、生存环境、死亡原因。书中引用了大量国内学者的精美化石研究图片，并配有手绘的复原图。

本书适合古生物学和地质学爱好者阅读。

图书在版编目（CIP）数据

灭绝前夜：重庆正阳恐龙探秘 / 陈阳等编著 . — 北京：科学出版社，2020.11

ISBN 978-7-03-066528-7

Ⅰ . ①灭⋯ Ⅱ . ①陈⋯ Ⅲ . ①恐龙－普及读物 Ⅳ . ① Q915.864-49

中国版本图书馆 CIP 数据核字（2020）第 204618 号

责任编辑：孟美岑 / 责任校对：张小霞
责任印制：徐晓晨 / 封面设计：北京图阅盛世文化传媒有限公司

科 学 出 版 社 出版

北京东黄城根北街 16 号
邮政编码：100717
http://www.sciencep.com

北京建宏印刷有限公司 印刷
科学出版社发行 各地新华书店经销

*

2020 年 11 月第 一 版 开本：720 × 1000 1/16
2021 年 1 月第二次印刷 印张：6 1/4
字数：126 000

定价：68.00 元

（如有印装质量问题，我社负责调换）

前　言

　　重庆被称为"建在恐龙脊背上的城市"，至今已经在行政区划内近三分之二的区县发现了恐龙化石。进一步分析资料显示，白垩纪晚期的恐龙化石在我国西南地区非常稀少，重庆市范围内只在黔江区正阳地区有发现，是目前重庆市"最年轻"的恐龙。

　　为了让社会公众更好地了解恐龙灭亡的假说，以及更好地了解重庆黔江正阳白垩纪恐龙，重庆市规划和自然资源局科技计划项目资助重庆地质矿产研究院编写了本书。

　　《灭绝前夜——重庆正阳恐龙探秘》由三章组成。第1章简要介绍恐龙的基本常识，包括什么是恐龙、恐龙生活的时代、恐龙的主要类型和特征、恐龙的演化；第2章介绍了世界上关于恐龙灭绝的多种假说；第3章介绍黔江正阳恐龙的发现历史、恐龙类型、生存时代、生存环境和死亡原因。

　　本书在编著过程中得到了重庆市规划和自然资源局的信任与大力支持；中国科学院古脊椎动物与古人类研究所周忠和院士、赵资奎教授，中国地质大学（北京）邢立达副教授，中国地质调查局成都地质调查中心王子正高级工程师等慷慨地将他们的研究图件与素材赠予本书使用，使本书大为增色；重庆工商大学王长生教授作为黔江正阳恐龙化石的首位发掘者和研究者，提供了化石的发现历史和图片资料；中国地质调查局成都地质调查中心江新胜研究员、尹福光研究员指导了野外工作中的沉积环境分析；重庆地质调查院魏光飚研究员尤其关注并支持本书的编写，他在新化石点被发现的第一时间赶到野外进行现场指导；重庆市地质矿产勘察开发局208水文地质工程地质队代辉博士多次对本书提出建议和指导。同时，本书还得到了多位专家、学者及领导的大力帮助和指导，在此一并表示感谢。

本书由陈阳、张瑞刚、朱正杰、李良林、蒙丽编著，任世聪、陈威、邹建华、吴国代、周丹、陈飞、刘永旺、杨洪勇、田和明等人参加了野外地质调查。书中部分图片由国内学者提供及作者绘制，未标明来源的图片已在视觉中国网购买版权，可以出版使用。

恐龙灭绝是世界科学研究的热点和难题，黔江正阳恐龙化石也还有待进一步研究，更多的信息还有待发掘，加上编著者水平有限，书中难免会存在诸多不妥和谬误之处，敬请读者见谅，并欢迎批评指正。

目　录

第 **1** 章

波澜壮阔的恐龙世界

　　一部《侏罗纪公园》，让恐龙成为"电影明星"。在人们的印象中，恐龙形态各异，有水里游的鱼龙、地上跑的雷龙、天上飞的翼龙，可谓"海陆空"俱全，构成了一个波澜壮阔的恐龙世界，谱写了一段神秘多彩的恐龙历史。然而，与许多人的认识相悖，鱼龙和翼龙并非真正意义上的恐龙。

　　什么才是真正意义上的恐龙？
　　恐龙生活在什么时代？
　　恐龙分为哪些类型？
　　恐龙是怎么演化的？

什么是恐龙

"恐龙"这个名词是 1842 年由英国自然历史学者欧文创造的，字面含义是"恐怖的大蜥蜴"，日本的古生物学家在引进这个名字时译为"恐竜"，"竜"在古汉字中同"龙"，因此在中国被称为"恐龙"。

在古生物学研究中，人们将生物按相似程度和亲缘关系划分为"界、门、纲、目、科、属、种"七个由大到小的等级，有时还在等级前加上"超"或"亚"构成辅助等级，等级越低的生物成员之间亲缘关系越接近，相似程度也越高。按照科学的定义，对三角龙和现今鸟类的最近共同祖先进行追索，这个最近的共同祖先和它们所有的后裔就是"恐龙"，属于动物界→脊索动物门→脊椎动物亚门→四足动物超纲→爬行纲→双孔亚纲→恐龙超目，所以按这个定义，鸟类也是一种恐龙。但是我们这里所说的恐龙，是指传统意义上不包括鸟类的其他恐龙，即非鸟恐龙。

恐龙是爬行动物双孔亚纲中的一支。很多动物头骨的眼眶后面都开有孔洞，这种孔洞的存在一方面可以节省维护骨骼所需的钙质，另一方面还可以减轻头部的重量，被称为"颞孔"。颞孔的数量和位置是爬行动物重要的分类标志，将爬行动物分为了无孔型、下孔型、双孔型和上孔型四类，恐龙就属于双孔型（图 1-1）。如果您在野外发现了具有两个颞孔的头骨化石，那么它代表的生物即使不是恐龙也很可能是恐龙的"近亲"。

恐龙的身体构造和行走姿势与其他绝大多数的爬行动物也有很大区别。如果我们仔细观察现今的爬行动物比如鳄鱼、乌龟或者蜥蜴会

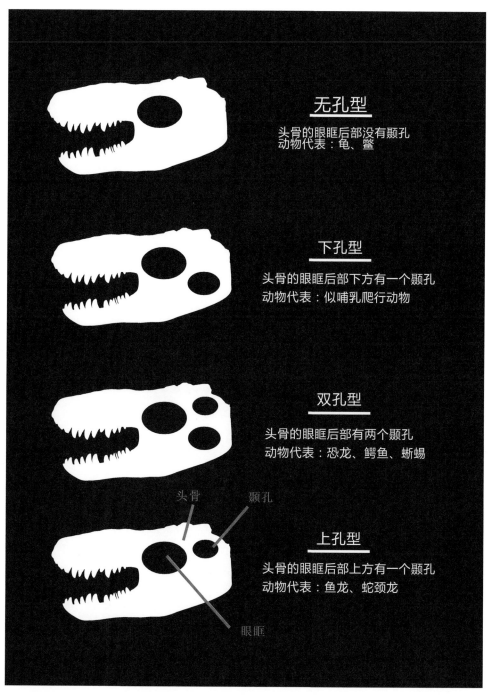

无孔型

头骨的眼眶后部没有颞孔
动物代表：龟、鳖

下孔型

头骨的眼眶后部下方有一个颞孔

动物代表：似哺乳爬行动物

双孔型

头骨的眼眶后部有两个颞孔

动物代表：恐龙、鳄鱼、蜥蜴

头骨　　颞孔

上孔型

头骨的眼眶后部上方有一个颞孔

动物代表：鱼龙、蛇颈龙

眼眶

图 1-1　根据颞孔的数目和位置将爬行动物分为四种类型（陈阳制图）

发现，它们的肘膝是弯曲的，四肢伸向身体的两侧，行走时以"趴着"的姿势前进（图1-2）。这样的身体构造也造成这些爬行动物在移动的

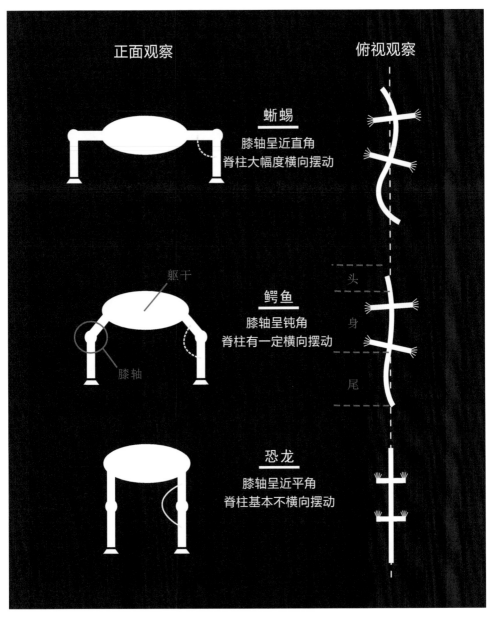

正面观察　　　　　　　　俯视观察

蜥蜴
膝轴呈近直角
脊柱大幅度横向摆动

躯干

鳄鱼
膝轴呈钝角
脊柱有一定横向摆动

膝轴

头

身

尾

恐龙
膝轴呈近平角
脊柱基本不横向摆动

图1-2　恐龙与其他爬行动物行走姿态的区别（陈阳制图）

时候脊柱是横向扭动的，一边走还一边"摇头晃尾"，这不仅使它们移动的效率大打折扣，还因为扭动使它们的肺部受到压迫，影响了呼吸的顺畅。

然而，恐龙特殊的髋臼构造使它们的四肢位于身体的正下方，可以直立着地，行走姿势和今天的哺乳动物相似。而其他大部分远古爬行动物，如翼龙、鱼龙、沧龙、蛇颈龙、鳍龙等，四肢位于身体两侧，这是它们与恐龙最主要的区别（图1-3，图1-4）。

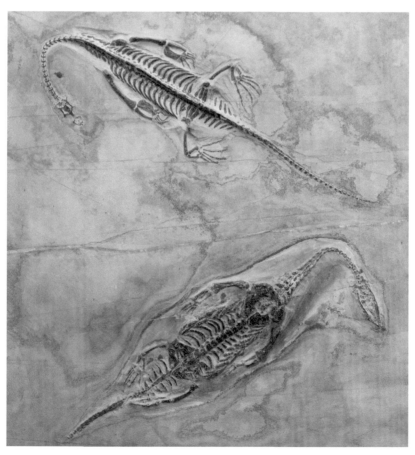

图1-3 三叠纪鳍龙类胡氏贵州龙化石（王子正供图）

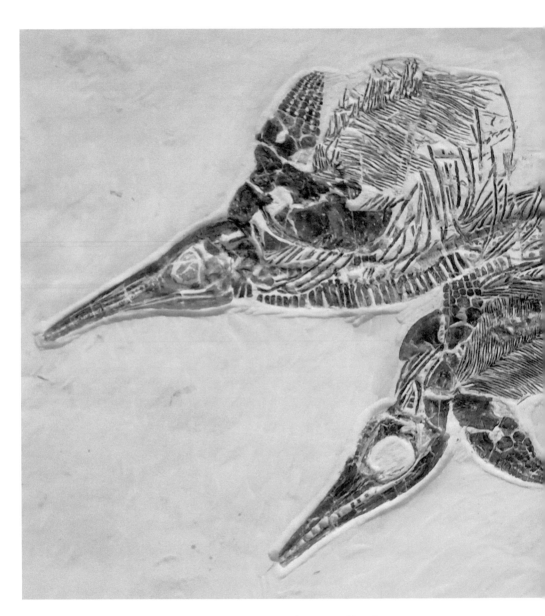

图 1-4　三叠纪鱼龙化石（王子正供图）

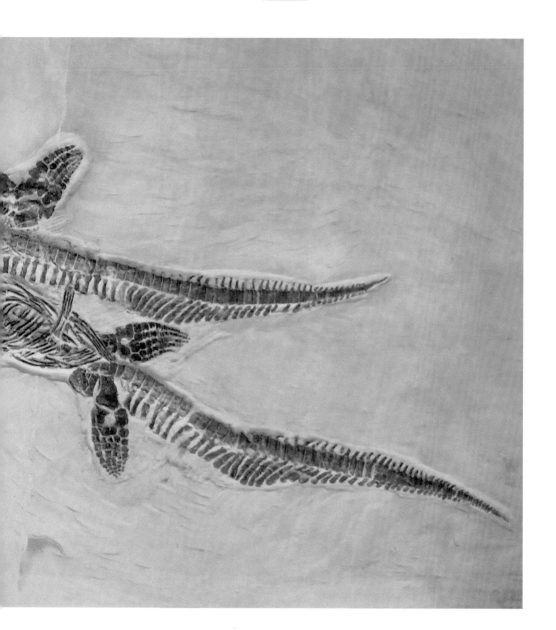

　　这种直立姿势使四肢的力量能更轻松地支撑它们的体重，而且增加了行走步幅的长度，大大改善了它们的移动能力，同时胸腔不再因扭动而受压迫使它们的肺部有了更大的膨胀空间，提高了呼吸的效率。

　　另外，恐龙还具有一些其他特征。首先，从习性上，恐龙一般生活

在陆地上，有筑巢和下蛋的习惯。其次，大部分的恐龙有鳞状的皮肤或者类似鸟类的羽毛，它们长长的尾巴一般悬在空中而不是拖在地面上，它们头骨的眼睛与鼻子之间一般有眶前孔（剑龙除外）。

恐龙的时代

　　生命的诞生，并非一蹴而就，而是经历了从无到有，从低级到高级，从简单到复杂的演化。生命诞生之后的形成与演化，与地球环境的变化息息相关。特定的环境让某种生命得以诞生，同时生物又不断进化以适应变化着的环境，这是一个相互联系又相互作用的过程。

　　地球的生命，开始于约 35 亿年前出现的细菌和低等蓝藻。在经历约 5.41 亿年前的"寒武纪生命大爆发"之后，各种门类的生物才爆发式地在地球历史舞台上陆续登台。

　　地球生物演化过程中，往往有某种大类群的动物在一段相当长的时期内在地球上占主导地位，人们形象地将这个大致的时间范围称为"某种生物的时代"：比如寒武纪三叶虫最为繁盛，被称为"三叶虫的时代"；泥盆纪鱼类主宰海洋，被称为"鱼类的时代"；我们今天所在的第四纪哺乳动物主宰地球，被称为"哺乳动物的时代"。这种关系就如同我国朝代历史中的"朝代"和各个朝代的"统治者"一般（图 1-5）。

　　同样，地球历史也经历着"王朝更替"，这就是生物大灭绝事件。旧的地球统治者"谢幕"，新的地球统治者"登台"。而这样的事件，在地球上一共出现过 5 次。

　　在约 2.52 亿年前的二叠纪末大灭绝事件中，地球上 75% 的陆地脊

距今	代/纪	说明
	新生代	哺乳动物的时代
白垩纪末大灭绝 0.66亿年	白垩纪	
1.45亿年	侏罗纪	恐龙的时代
三叠纪末大灭绝 2.01亿年	三叠纪	
二叠纪末大灭绝 2.52亿年	二叠纪	昆虫的时代
2.99亿年	石炭纪	巨虫的时代
晚泥盆世大灭绝 3.59亿年	泥盆纪	鱼类的时代
4.19亿年	志留纪	笔石的时代
奥陶纪末大灭绝 4.44亿年	奥陶纪	角石的时代
4.85亿年	寒武纪	三叶虫的时代 生命大爆发
5.41亿年		

图 1-5 地质历史时期历次生物大灭绝（陈阳制图）

椎动物灭绝了，为恐龙的发展腾出了生态空间，这是进入"恐龙时代"的前奏。但在"恐龙时代"的初期，恐龙面对着以鳄类为代表的爬行动物的激烈竞争，它们并没能成为地球的统治者。直到约 2.01 亿年前的三叠纪末大灭绝事件使这些竞争对手遭受了重创，才为恐龙的蓬勃发展创造了机会。

在随后的恐龙大繁盛中，地球正处于地质历史的三叠纪中后期、侏罗纪和白垩纪。这期间，恐龙由于丰富的物种多样性的和形态多样性，成为了地球的"主角"，而其他动物则全部沦为恐龙的"配角"，被人们形象地称为"恐龙的时代"。

恐龙的类型

　　根据臀部骨骼结构的不同，种类繁多的恐龙可以分为蜥臀目和鸟臀目（图1-6）。顾名思义，蜥臀目的臀部骨骼结构类似现今的蜥蜴，从侧面看是三射型的，耻骨指向前方，坐骨指向后方；而鸟臀目的臀部骨骼结构类似今天的鸟类，从侧面看是四射型的，耻骨的前端有个

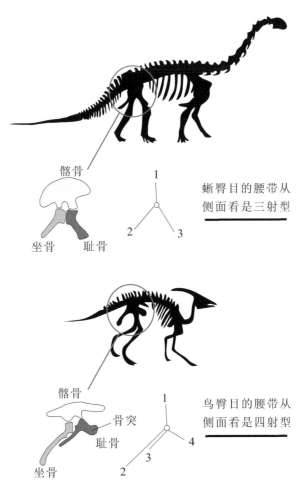

图1-6　蜥臀目和鸟臀目恐龙骨骼的区别（陈阳制图）

很大的骨突，后端与坐骨平行向后延伸。

蜥臀目

按照更加细致的分类，蜥臀目恐龙可以进一步分为兽脚亚目和蜥脚亚目两类（图 1-7）。

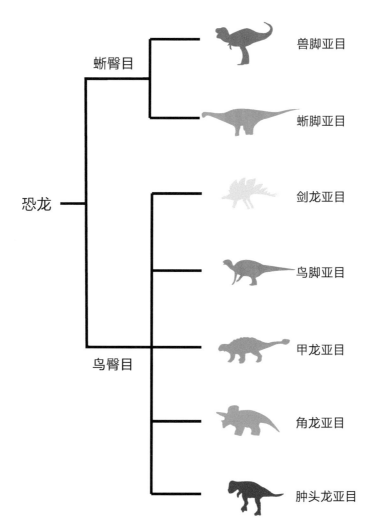

图 1-7　恐龙的基本类型（陈阳制图）

兽脚亚目

兽脚亚目恐龙在三叠纪晚期出现，它们总体上是肉食性恐龙，部分成为了恐龙时代的"顶级猎食者"（图1-8）。其中最为著名就是霸王龙，它们曾被认为是最凶猛的肉食性恐龙，前肢细小而健壮，长有镰刀般的爪子，可以轻松撕裂猎物，后肢强大有力，用后肢支撑身体，头和嘴很大，嘴里长满弯曲锋利如匕首般的牙齿，可以给猎物致命一击，被发现的植食类恐龙骨骼化石上有时可以见到霸王龙留下的深深齿痕，证明了它们强大的咬合力。但是棘龙的发现可能会打破霸王龙的霸主

地位。棘龙是迄今发现的最大的肉食性恐龙,体长可以达到 20 米左右,它们背后有一个长棘构成的"巨帆",科学家根据它们的身体构造,推测这种恐龙长期生活在水中,主要以鱼类为食。发现于重庆市永川区亚洲最完整的大型肉食恐龙上游永川龙就属于兽脚亚目。

值得一提的是,兽脚类恐龙的一个支系在演化过程中逐渐小型化,最终演化为了今天的鸟类。

图 1-8 兽脚亚目恐龙(陈阳绘图)

蜥脚亚目

蜥脚亚目恐龙总体上是植食性恐龙。由于恐龙时代的植物往往非常高大，为了轻松吃到高处的树叶，一些蜥脚亚目恐龙进化出了长长的脖子、尾巴以及柱子般的强大后肢，成为了恐龙时代的"大块头"（图 1-9）。同时，为了抵抗强大的天敌，部分蜥脚亚目恐龙甚至从

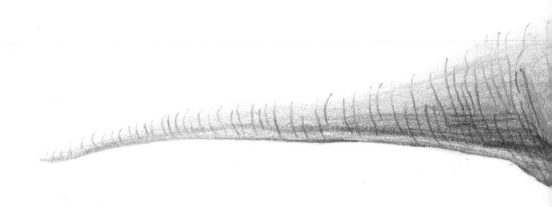

大型化向巨型化发展，产生了陆地上的"体重冠军"。例如世界最大恐龙纪录保持者，在阿根廷发现的巨龙类，其身长可能超过 40 米，发现于我国河南省汝阳县的巨龙类巨型汝阳龙体长推测达到 38 米；马门溪龙以它们长长的脖子闻名中外，发现于重庆市合川区长达 22 米的合川马门溪龙曾经是亚洲最大的恐龙，而发现于新疆准噶尔盆地的中加马门溪龙体长甚至达到了 38 米。

鸟臀目

鸟臀目恐龙可以进一步分为剑龙亚目、角龙亚目、甲龙亚目、鸟脚亚目和肿头龙亚目五种（图 1-7）。鸟臀目恐龙都是植食性的，它们

图 1-9　蜥脚亚目恐龙（陈阳绘图）

普遍没有蜥脚亚目恐龙那么庞大的身躯来抵抗肉食性恐龙，但他们的
身体结构演化出了各种御敌的构造和功能。

剑龙亚目

剑龙亚目恐龙在侏罗纪中期出现，它们的尾部长有多根长长的尾刺，科学家们推测这些尾刺可以用来刺击猎食者（图1-10）。剑龙背部的脊柱高高拱起，上面有成对排列的尖状骨板，由于这些骨板没有

覆盖身体的重要器官，科学家推测它们很可能仅仅用来调节体温。剑龙是头占身体比例最小的恐龙，靠四肢行走，但后肢比前肢长很多。发现于重庆市江北区的江北重庆龙就属于剑龙亚目，被称为"最温顺的恐龙"。

图 1-10　剑龙亚目恐龙（陈阳绘图）

鸟脚亚目

鸟脚亚目恐龙（图 1-11）最早出现于三叠纪晚期，在晚侏罗世和白垩纪逐渐繁盛，到白垩纪晚期达到顶峰。与其他大多数鸟臀目恐龙不同的是，鸟脚亚目的很多种类能用后肢行走，并且擅长奔跑。为了

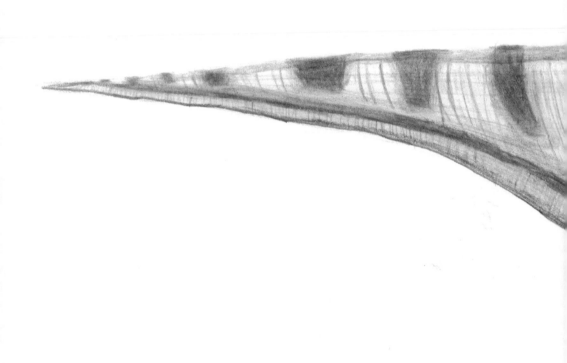

种族的延续，它们一般都有着数量庞大的种群，渐渐成为了地球上分布最广泛的恐龙。发现于四川威远的岳氏三巴龙就属于鸟脚亚目。另外，本书揭秘的黔江正阳恐龙主角之一——鸭嘴龙也属于此类。

图 1-11 鸟脚亚目恐龙（陈阳绘图）

甲龙亚目

　　甲龙亚目恐龙最早出现于侏罗纪中期的欧洲，在白垩纪达到鼎盛。除了腹部以外，它们的皮肤表面甚至包括眼睑都分布着厚厚的骨板，有的颈部和背部还长着锋利的骨刺（图 1-12）。它们有的尾部有骨锤，

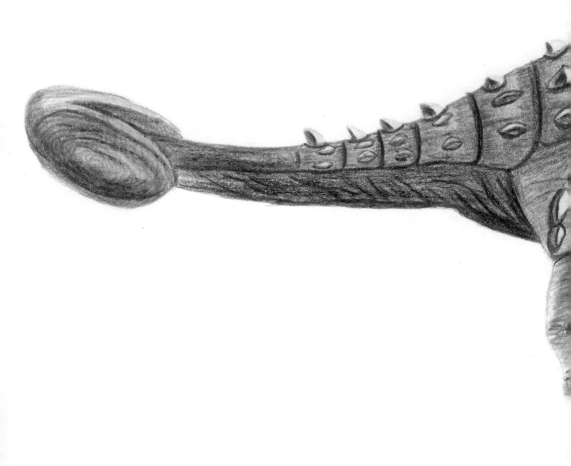

可以击碎猎食者的骨头，有的尾部长有尾刺，可以用来刺击猎食者。这些身体构造使它们像全副武装的坦克，让它们具备了抵御猎食者的能力，所以甲龙亚目又被生动地称为"坦克龙"。

图1-12　甲龙亚目恐龙（陈阳绘图）

灭绝前夜
——重庆正阳恐龙探秘

角龙亚目

角龙亚目恐龙在白垩纪出现,它们最鲜明的特点是头部又长又大,占据了身体近四分之一的长度,头部还有庞大的颈盾和长长的大角(图 1-13)。它们长有像鹦鹉嘴一般的钩状喙嘴,可以咬断坚韧的植物。

为了有力地支撑它们庞大的头部,它们的颈部都很短,四肢也短而粗壮。这种恐龙一般喜欢群居生活,头部的颈盾和大角让它们面对猎食者时不落下风。我们熟知的三角龙,就属于角龙亚目。

图 1-13　角龙亚目恐龙(陈阳绘图)

肿头龙亚目

肿头龙亚目恐龙发现的数量较少,目前只在北美和中亚地区有发现,是一种仅在白垩纪出现的恐龙(图1-14)。它们的头盖骨形成一个厚实的圆顶,有的厚度可以达到20厘米,使其头颅极其坚硬。过去

曾有科学家认为它们的头顶是用来撞击猎食者的，但是后来发现它们的身体并不适于承受这种冲击，推测它们的头顶类似现今的鹿角，其作用主要是用来求偶。这种恐龙的牙齿较小，无法嚼碎太过坚韧的植物，因此推测它们主要以植物种子、果实、嫩叶以及昆虫等为食，可能是杂食性恐龙。

图 1-14　肿头龙亚目恐龙（陈阳绘图）

恐龙的演化

在恐龙统治地球的 1.6 亿年里，它们在全球范围蓬勃发展，演化出了数量巨大、种类繁多、形式多样的类型。有学者通过计算甚至认为恐龙最繁盛时期的"人口"数量不亚于当今人类的人口总数。它们大小不一，有的体型超过现今世界上最大的卡车，行动时脚步声响如雷鸣，有的却如同小鸟一般大小。它们中有肉食性的，有植食性的，也有杂食性的；有的是群居动物，有的则单独行动；有的用四肢行走，有的只用后肢行走，还有一些根据需要用四肢和后肢都可以行走。

然而恐龙却并非从一开始就如此繁盛，恐龙的祖先也并非庞然大物，它们是在不同的时期演化出现的（图 1-15）。在三叠纪早期，恐龙诞生后很快就分化奠定了兽脚亚目、蜥脚亚目和鸟臀目三大基本类型，但当时以兽脚亚目、蜥脚亚目为主，鸟臀目恐龙较少。这个时期恐龙的个体都比较小，体型最大的是发现于阿根廷的黑瑞龙，身长也只有 4 米左右。这个时期的恐龙还有一个特点是它们还没有分化得特别明显，外观和结构都比较相似。

科学家通过研究推测，在三叠纪中期，为了适应变化的环境并与其他爬行动物竞争，恐龙开始了一系列的身体结构特化，这种特化主要体现在三个方面：第一是髋臼构造，能够直立行走，拥有了更高的移动效率，同时让肺部能更顺畅地呼吸；第二是心脏结构，绝大多数的爬行动物的心脏是三心室，而恐龙的心脏很可能是类似鸟类的四心室，四心室的心脏可以让恐龙拥有更高效的新陈代谢速率来维持它们庞大身躯的运转；第三是肺部结构，一些蜥臀目恐龙脊柱化石的构造显示它们很可能拥有气囊构造，可以更加高效地更新肺里的空气。

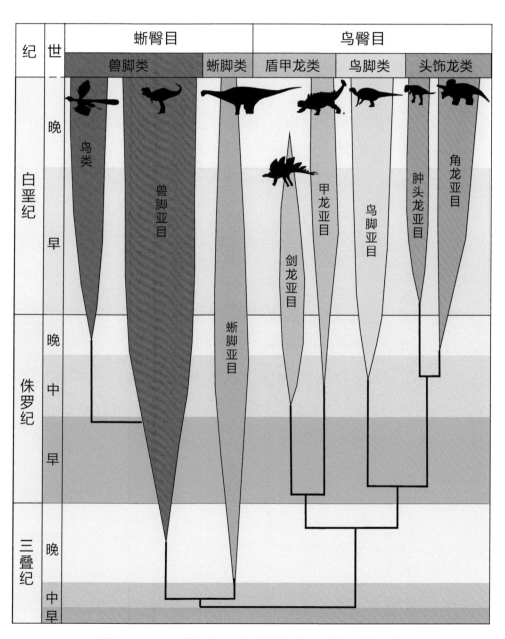

图1-15 恐龙各主要类型演化略图（陈阳制图）

三叠纪末期，空气中的氧含量急剧降低，在这场环境变化中，恐龙具备了一些身体结构和功能上的优势，能够更好地适应变化后的环境，得以生存下来并在进入侏罗纪和白垩纪后快速发展壮大。

进入侏罗纪和白垩纪后，恐龙的演化开始驶入"快车道"。由于"联合古陆"裂解，地球海岸线增加，地球上的地理环境由原本的相对单一变得更加丰富多彩，为了适应新的复杂环境，恐龙在大小、外形、结构、行为等方面的多样性呈现出快速增长的趋势。

除了多样性增加外，很多恐龙的体型演化得越来越大，呈现出大型化的趋势。

蜥臀目的演化

蜥脚亚目恐龙从侏罗纪早期开始了体型的大型化，到侏罗纪中期和晚期甚至开始巨型化。它们中的很多都重达数十吨，为了维持如此庞大的身躯，蜥脚亚目恐龙在进化中逐渐演化出了长长的脖子、小型的头、有气囊的呼吸结构以及较高的新陈代谢速率。长长的脖子，使它们可以不用移动脚步就可以摄取食物；小型的头减轻了头部的重量，方便了头部的移动；与鸟类相似的气囊提高了呼吸效率，为庞大的身躯提供了充足的氧气；较高的新陈代谢速率保证了它们能够从幼体很快地成长为庞然大物。

很多兽脚亚目恐龙进入白垩纪晚期后也开始大型化甚至巨型化，比如棘龙体长可以达到 18 米，霸王龙体长可以达到 13 米。为了更好地捕食猎物，它们普遍进化出了敏捷的身体、锋利的牙齿和爪子。

鸟臀目的演化

鸟臀目恐龙的大型化从侏罗纪早期开始，到白垩纪达到了顶峰。除了体型的巨大化之外，它们的身体结构也分化出了不同的构造和形态，有的靠后肢两足行走（鸟脚亚目），有的头骨变得很厚（肿头龙亚目），有的头上长出了长长的大角（角龙亚目），有的身体披上了"盔甲"（甲龙亚目）和"利剑"（剑龙亚目）。这些不同的身体构造有的是用来保护自己，有的是为了求偶的需要，有的是用来威慑对手，有的是用来调节体温等。

第 **2** 章

恐龙灭绝假说

曾经主宰一切的地球霸主在白垩纪末期突然集体灭绝了，给现在的人类留下了岩石中的化石和无尽的猜测。

恐龙灭绝的假说有哪些？
各个假说的观点是什么？
这些假说有什么依据？

灭绝前夜
——重庆正阳恐龙探秘

统治地球长达 1.6 亿年的恐龙，在约 0.66 亿年前的白垩纪末期突然灭绝了，一起灭绝的还有与恐龙同时代的翼龙、蛇颈龙、沧龙等其他动物，这次灭绝事件让地球的生物界遭受重创。对这次大灭绝的原因，多年来世界各国科学家进行了孜孜不倦的探索，形成了大量的假说。目前，试图诠释恐龙灭绝的假说有一百多种。这些假说有的由于缺乏证据，逐渐淡出人们的视野；有的被新证据推翻，不再被提及；还有一些由于有科学实验的支撑，渐渐流行起来。下面我们介绍几种最为常见的假说。

撞击假说

撞击学说是美国科学家路易斯·阿尔瓦雷斯于 20 世纪 80 年代首次提出的。20 世纪 70 年代，科学家在墨西哥发现一个埋藏于地下 1 千米，直径约 195 千米的陨石坑，这就是著名的希克苏鲁伯陨石坑，这个陨石坑周围的黏土层中铱元素的含量相对于地壳中的平均值增高了 200 多倍。铱是一种稀有金属，在地壳中的平均含量只有十亿分之一，但是在太空中含量却很高。而这个黏土层代表的时代正好与恐龙灭绝的时间一致，因此阿尔瓦雷斯认为正是这个陨石的撞击导致了恐龙的灭绝，同时将太空中高含量的铱元素带到了地球。随后，各国科学家在遍布世界的数百个地点都发现了这种恐龙灭绝时的铱元素高异常的现象（图 2-1）。

随着时间的推移，更多的陨石撞击证据被发现。首先是冲击石英的发现。冲击石英又被称为撞击石英，只有在超高的压力和有限的温

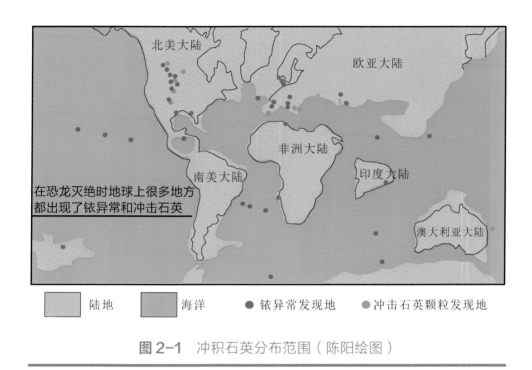

北美大陆

欧亚大陆

非洲大陆

印度大陆

南美大陆

在恐龙灭绝时地球上很多地方
都出现了铱异常和冲击石英

澳大利亚大陆

| 陆地 | 海洋 | ● 铱异常发现地 | ● 冲击石英颗粒发现地 |

图 2-1　冲积石英分布范围（陈阳绘图）

度下才能形成，长期被人们用来指示陨石撞击事件的发生。这些冲击石英在世界各地，尤其是在希克苏鲁伯陨石坑撞击点附近被大量发现。

20 世纪 70 年代，一位美国研究生又发现了希克苏鲁伯陨石撞击过程中引发的海啸形成的堆积物。希克苏鲁伯陨石的撞击渐渐得到世界上大部分科学家的认同。

撞击假说认为在白垩纪末期，一颗超大的陨石以极高的速度撞击到地球表面（图 2-2），强烈的撞击将粉尘掀起并迅速弥漫了整个大气层，阳光被粉尘遮蔽无法到达地表，气候变得寒冷，光合作用停止，植物大量死亡，这一系列连锁反应引起植食性、肉食性恐龙的相继灭绝。

图 2-2 陨石撞击地球

火山假说

　　白垩纪末期的陨石撞击事件虽然得到越来越多的认同，但关键的问题在于，这次撞击是否足以引起全球性的恐龙灭绝，很多科学家对此提出了质疑。一些科学家通过研究认为，发生于白垩纪末期的大规模火山喷发才是造成恐龙灭绝的主要原因。

　　位于印度西部的德干大火成岩省成了科学家们的研究热点。这个大火成岩省是一个白垩纪火山喷发形成的熔岩高原，喷发的熔岩覆盖了超过40万平方千米的范围（图2-3）。这些熔岩是在不到100万年的时间里喷发的，如此巨大的火山喷发规模在整个地球历史上也是十分罕见的。

　　现代分析测试技术可以对火山岩中的锆石进行时间测定，从而精

图 2-3　德干大火成岩省位置示意图（陈阳绘图）

准地确定火山喷发的时间。科学家研究发现，在恐龙灭绝的 25 万年前，地球上开始了持续了 50 万年之久的大规模的火山喷发。这次火山喷发主要分为三个时期，其中第二个时期的喷发规模最大，而且喷发的时间正好与恐龙灭绝的时间吻合。与此同时，人们发现铱元素不仅在太空含量高，在地球的深部含量也非常高。德干大火成岩省大量的铱元素就是被火山岩浆从地球深部带到地表的。同时，原本以为只在陨石撞击中才能形成的冲击石英，被发现也可以在火山爆发中形成。另外白垩纪末期火山强烈喷发的地质记录也在世界上很多地方被陆续发现，例如在我国的辽宁朝阳、黑龙江嘉荫、内蒙古宁城、河南西峡等地的相应地层中，也发现了大量火山爆发留下的物质。

因此火山假说认为白垩纪晚期发生了火山大规模爆发，将大量的氟化氢、硫化氢、一氧化碳、二氧化硫等有毒气体排放到地球大气中，污染了当时的大气，二氧化碳引发的"温室效应"又导致地球气候的剧变，同时喷发的火山灰进入地球的平流层并迅速扩散，这一系列过程严重影响了地球的大气和海洋环境，将地球变为"炼狱"般的世界，导致在陨石撞击灾难发生前，恐龙就已经开始走向灭绝。一些科学家甚至认为，即使没有发生大型陨石撞击，仅靠火山喷发也足以引发恐龙的灭绝（图 2-4）。

在古生物学的研究上，这种假说也有一些证据，例如有证据证明恐龙在希克苏鲁伯陨石撞击地球前很久就已经开始走向衰落，而鱼龙类在这之前就已经灭绝，同时菊石类、双壳类、介形虫、苔藓虫、蛇颈龙类和翼龙类也发生了衰落。这些现象很可能不是之后才发生的陨石撞击造成的，而极有可能是多次火山喷发造成的。

图 2-4　火山喷发引发恐龙灭绝

灭绝前夜
——重庆正阳恐龙探秘

物种特化假说

　　我们今天知道，生物的变异无时无刻不在进行，在自然选择的过程中，有利生存的变异得以保存，不利于生存的变异会被淘汰。正是环境的自然选择和恐龙的进化变异，使恐龙从它们形态单一的祖先演化为种类繁多的类群。这些恐龙进化出了形形色色的身体构造和形态，比如身披盔甲的甲龙，高大的蜥脚亚目恐龙等等。这些都说明恐龙在长达1.6亿年的地球历史长河中已经高度进化，适应着地球不同类型的自然环境。

　　另一方面，在地球历史上恐龙灭绝之前的四次大灭绝事件中，每次灭绝的都是比较低级和简单的物种，而像恐龙这种高级和复杂的物种，无论当时的地球环境如何恶劣，也应该有一部分能够适应环境得以存活。毕竟鱼类、两栖类、鳄类、蛇类和部分哺乳动物在这次灭绝中都没有受到太大影响，而恐龙却从地球上彻底消失了。

　　这种看似"选择性"地让恐龙彻底灭绝的现象，让人们试图从物种特化的角度寻找答案。

　　物种特化是指某种生物为了适应它们身处的局部环境，形成过于发达的身体局部器官的一种适应进化。这种特化使生物能够完美地适应它们生存的环境，但是却降低了它们的适应范围和抗灾变能力，以至于一旦环境剧烈改变，它们往往难以及时进化调整，最终灭绝。

　　古生物的演化历史表明，地球上很多曾经占主导地位的生物，正是由于物种特化，在环境变化中惨遭绝灭。而一些特化程度不高，易于调整和改变自己的物种，却能快速地变化以适应新的环境。这样的例子在地球历史上有很多：三叶虫是寒武纪的地球"统治者"，它们进化出了

40

五百多个属，一万多个种，为了适应环境和抵御天敌，它们有的变得越来越大，有的身上长出了复杂的刺，高度的特化导致它们在约 2.52 亿年前的环境巨变中灭绝。这种现象在现代生物中也可以大量观察到：野生大熊猫的生存依赖箭竹，金丝猴则依赖高山冷杉上的一种地衣，箭竹和地衣一旦消失，必然也会造成野生大熊猫和金丝猴的灭绝。

物种特化假说认为：在恐龙时代，地球的自然环境是比较稳定的，这样的环境也造成恐龙与它们所处的环境高度融合。从三叠纪到侏罗纪再到白垩纪，恐龙不断加速演化出不同类型，分别适应着局部的环境，而到了白垩纪末期，无论是哪种原因造成的环境改变，都使恐龙因为无法承受这种变化，首当其冲地走上了灭绝的道路。

气候变迁假说

古气候研究发现，从大约 1 亿年前的白垩纪晚期开始，地球开始逐渐变冷，在恐龙灭绝的 200 万年前甚至可能出现了冰期。最新的研究还发现，在恐龙灭绝的大约 10 万年前，全球还可能经历了一次 6 到 8 摄氏度的大幅度降温。恐龙是温血动物，而且由于体表面积巨大，很容易引起体温的大量流失。

因此气候变迁假说认为，三叠纪和侏罗纪的气候温暖，恐龙得以不断繁衍壮大，到了白垩纪晚期气候变冷，恐龙因无法抵御严寒而灭绝（图 2-5）。

在我国辽宁义县发现的兽脚亚目恐龙中华龙鸟身上的羽毛，也许就是为了应对当时的气候变冷而演化出来的。这可能也是鸟类能作为恐龙

图 2-5　严寒的气候令恐龙无法生存

的后代存活下来的原因,而类似的翼龙却由于没有羽毛御寒而遭到灭绝。

生殖受阻假说

在恐龙化石的发现和发掘过程中,人们发现这样一种现象:三叠纪和侏罗纪的恐龙化石多、恐龙蛋化石相对少,但是到了白垩纪却是恐龙蛋化石多、恐龙化石相对少。进一步研究发现,白垩纪的恐龙蛋好像出了一些问题。

我们吃鸡蛋的时候稍加留意就可以发现,蛋壳内都有一块空的地方,那里没有蛋液,这个空间被称为气室。气室的存在可以保证小鸡孵化过程中的氧气供应。我国科学家对山东莱阳恐龙蛋化石进行的 CT 扫描发现,在这些恐龙蛋里看不到气室的存在,说明这些蛋产下后可能很快就停止孵化并死亡了,然后快速石化成了化石。同时这些恐龙蛋还显示出了随着时间的推移,蛋壳逐渐变薄的现象。这种现象不仅见于山东莱阳,也发现于我国的其他地区和欧洲。

在河南西峡地区堆积了至少 16 个产蛋层,上万枚恐龙蛋化石,这说明当时很多恐龙蛋没能成功孵化。对这些恐龙蛋的进一步测试结果表明,这些恐龙蛋壳缺乏碳、氮、磷、硫等构成生物体有机物的必需元素,而锶和铱这类有毒元素却显示出超高的异常。

我国广东南雄盆地的恐龙蛋壳也被测出铱和其他微量元素的异常,而且这种异常在白垩纪末期恐龙灭绝时最为剧烈。同时这些恐龙蛋壳很多都显示出各种各样的病变特征(图 2-6),有的恐龙蛋壳厚度甚至不足 1 毫米,比现今的鸵鸟蛋壳还薄,这种不正常的薄壳蛋也发现于

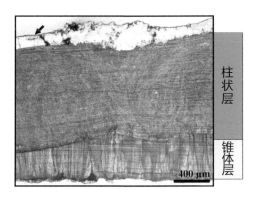

正常蛋壳

蛋壳由上往下为柱状层、锥体层，
各层清晰完整

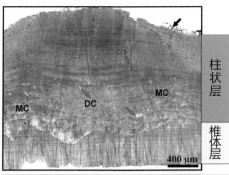

病态蛋壳1

柱状层下部出现了多层的锥体（MC）
和晶体无序排列（DC）

病态蛋壳2

一些锥体层和柱状层之间的部位
夹有一层或两层以上的锥体

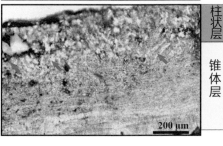

病态蛋壳3

柱状层上部具有很多不规则
形态的腔隙

注：红色箭头指示病态的部位

图 2-6 "出问题"的恐龙蛋壳（赵资奎供图）
将广东省南雄盆地恐龙蛋壳切成薄片放到扫描电子显微镜下观察可以看到，很多蛋壳显示出各
种各样的病变特征

山东诸城等地。

同时在四川自贡和开江、河南西峡等地的恐龙化石骨骼和植物中也检测出了高含量的砷、铬、铷、锶等有毒元素。科学家推测有毒元

素很可能通过食物进入了成年恐龙的身体，进而进入恐龙蛋中。

由于这些发现，生殖受阻假说认为可能是环境因素使恐龙蛋出现了病变，恐龙无法正常繁衍后代进而逐渐绝灭（图 2-7）。

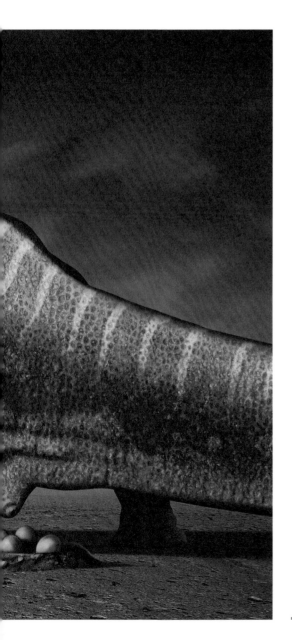

图 2-7 大量的恐龙蛋无法正常孵化

恐龙的"假灭绝"

恐龙并没有真的灭绝，今天生活在我们周围的鸟类其实就是一种恐龙！

这个观点最早在 1857 年就由进化论最杰出的代表英国著名学者赫胥黎提出，他的依据是恐龙和鸟的一些骨架结构非常相似，然而在当时恐龙和鸟的形象有着巨大差距，让人们很难将二者联系在一起，在缺乏化石证据的情况下，这种说法让人难以信服。

1996 年以来，以我国东北辽西热河动物群为代表的一系列重大发现，彻底改变了人们对鸟类起源的认识。在辽西热河动物群，中华龙鸟（图 2-8）、孔子鸟、会鸟（图 2-9）、热河鸟、近鸟龙、小盗龙、郑氏晓廷龙、赫氏近鸟龙（图 2-10）、北票龙、寐龙等相继被发现，同时位于新疆的泥潭龙、简手龙等也被发现，这些恐龙和鸟类之间的过渡性物种不断弥补着恐龙进化为鸟的化石证据链。与此同时，以中国科学院院士周忠和研究员为首的我国科学家在鸟类起源、鸟类飞行的起源和进化、羽毛的演化、鸟类早期演化和辐射等方面的研究成果，也从理论上不断证明鸟和恐龙之间的关系。

2009 年，中国科学院古脊椎动物与古人类研究所徐星研究员发现了已知最早"长羽毛"的恐龙。为纪念赫胥黎在鸟类起源学说中的重要贡献，徐星将该恐龙命名为"赫氏近鸟龙"。

2016 年，中国地质大学（北京）邢立达副教授和加拿大古生物学者领衔的研究团队在缅甸北部找到了一件保存了恐龙尾部的琥珀（图 2-11），而且这段尾部包围着羽毛，向人类"鲜活"地展示了

图 2-8　中华龙鸟化石（周忠和供图）

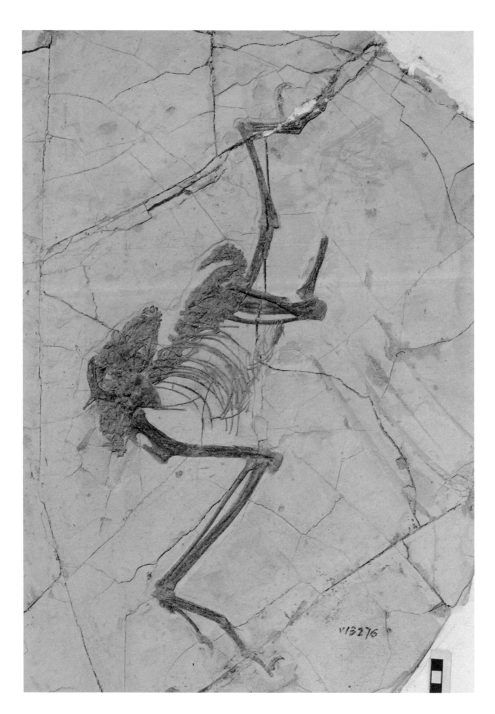

图 2-9 会鸟化石（周忠和供图）

图 2-10 赫氏近鸟龙化石（陈阳摄）

图 2-11　琥珀中带羽毛的恐龙尾巴（邢立达供图）

长着羽毛的恐龙。

恐龙的"假灭绝"认为恐龙并没有真正灭绝，早在 1.6 亿年前的侏罗纪，鸟类就作为恐龙的一个分支演化出来（图 2-12）。在白垩纪末期生物大灭绝这场灾难中，"非鸟恐龙"灭绝了，而作为恐龙后代的鸟类则适应了巨变后的环境，生存了下来，因此在某种意义上讲鸟类也是恐龙。

构造运动假说

地质学已经证明，地球上大陆板块的位置并不是维持不变的，而是在地表持续"漂移"，不断地重复着分裂→漂移→碰撞→聚合→再分裂的过程，被地质学家称为"威尔逊旋回"。

在恐龙诞生的三叠纪，地球上的板块聚合为一块大陆，被称为"联合古陆"（图 2-13），环绕联合古陆的是宽阔的海洋，这一时期恐龙开始诞生和发展。从侏罗纪开始，地壳发生了构造运动，联合古陆逐渐裂解，形成了位于北方的劳亚古陆和位于南方的冈瓦纳古陆，这一时期恐龙不断繁荣壮大。进入白垩纪后，大西洋不断扩大，冈瓦纳古陆不断裂解，海岸线长度大大增加，海平面不断升高，陆地上大部分地区被海水覆盖。同时，板块运动伴随的强烈火山爆发将地球深部的热能和二氧化碳等带到地表，引起气温的不断上升。到白垩纪末期，构造运动越来越强烈，地球上发生了全球性的大规模造山运动，造就了亚洲的喜马拉雅山、北美洲的落基山和欧洲的阿尔卑斯山等巨大的山脉。

图 2-12　兽脚类恐龙的一支进化为鸟类

灭绝前夜
——重庆正阳恐龙探秘

三叠纪早期
（距今2.52亿年）

侏罗纪末期
（距今1.45亿年）

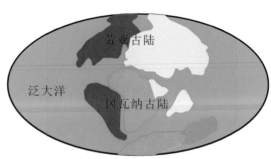

白垩纪末期
（距今6600万年）

现今

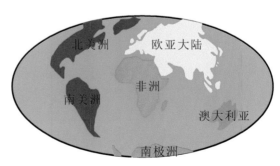

图 2-13 地球板块在恐龙生活的时代不断漂移（陈阳制图）
地球上每次大陆板块分裂、聚合都伴随着生物的灭绝与兴盛

山脉的隆起使覆盖陆地的海水退却，气候变得越来越干旱，地表水体逐渐干涸，气候环境的巨大改变使恐龙难以生存，最终灭绝。

大气变化假说

在地球的地质历史时期，大气中氧气的含量是不断变化的，这种变化受火山喷发强度、植物光合作用强度、动物氧消耗强度等多种因素的综合影响，比如在地球刚刚形成的初期，大气的成分主要是氮气、二氧化碳和甲烷，基本上没有氧气。随后原始生物蓝藻出现，开始不断地进行光合作用，将二氧化碳和甲烷转化为氧气，逐渐地将地球大气的成分改变，为更高等的生物诞生和发展创造了大气环境。

众所周知，生物要在适宜的大气环境中才能正常地生活，大气成分的变化足以引发物种的兴衰。那我们如何获得远古时期大气成分的信息呢？

松科植物的树脂从树上滴落后，有的被掩埋在地下，经过石化后形成琥珀。这个过程中树脂有时将昆虫等动物包裹起来，同时还可能包裹周围的气体。在琥珀内部封闭的环境中，地球历史时期的大气信息就被保存了下来。

科学家对包裹了中生代大气的琥珀样品进行了研究，他们发现那时地球大气中氧的含量的确和今天不同，然而这种不同却指向了两个方向，一种研究结果认为当时地球大气中氧气含量比现今高，而另一种则认为比现今低。

例如对产自美国蒙大拿州的琥珀包裹气体的分析发现，约 0.7 亿年前大气中氧气含量约为 33%，远高于目前的 21%；到了约 0.66 亿年前，大气中氧气含量下降了约四分之一。他们认为恐龙巨大的身体在氧气含量低于 32% 时就无法生存，因而逐渐灭绝。

而奥地利的科学家对来自全球中生代以来的数百份琥珀样品的分析发现，中生代大气中氧气含量可能比现在的 21% 还要低很多。他们认为恐龙可能长期生活在低氧气、高二氧化碳浓度的大气中，已经适应了这样的环境。在白垩纪末期，大气成分发生了巨大的变化，二氧化碳的含量降低，氧气的含量增加，恐龙无法适应这种改变，最终灭绝。

应该说，无论恐龙时代大气中氧气含量比现今高还是低，大气环境的改变即使不至于导致恐龙的灭亡，也会引起它们的衰落。

性别失调假说

我们人类的性别是由遗传物质决定的。但是生物学家对爬行动物的研究发现，和人类不同，很多爬行动物如鳄鱼、部分龟类和蜥蜴等的胚胎性别并不是由遗传物质决定，而是取决于环境温度。

这些爬行动物胚胎的性别取决于环境的一个"关键温度"，比如鳄鱼蛋在 30~34 摄氏度的环境中孵出的小鳄鱼是雌性和雄性都有，但温度低于 30 摄氏度时孵出的全部是雌性鳄鱼，温度高于 34 摄氏度时孵出的全部是雄性鳄鱼。

被称为"活化石"的鳄鱼是恐龙的"近亲"，和恐龙一样属于初龙次亚纲，所以有科学家推测恐龙蛋的性别可能与鳄鱼蛋类似，受温度影响。

因此性别失调假说认为在白垩纪末期，某种原因引起地球气温升高，导致几乎所有新诞生的恐龙都是雄性，单一的雄性恐龙在没有雌性恐龙繁殖后代的情况下灭绝。

地磁变化假说

我们的地球处于地磁场的保护下，地磁场起源于地球地核内铁、镍流体的对流运动（图 2-14）。目前地磁场的磁南极（S）位于地理北极附近，磁北极（N）位于地理南极附近。但是地质历史上地磁场却并非一直都是目前这个状态，地磁场的南极和北极曾经发生过多次的倒转，与此同时地磁场还一直在做着增强或减弱的强度变化。

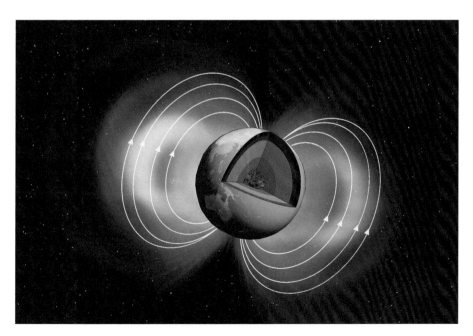

图 2-14 地磁场伸向太空保护着地球（陈阳制图）

科学家们将记录在岩石中的古地磁数据和古生物演化灭绝数据进行对比发现，两者具有非常密切的关系。

有研究证明，白垩纪末期恐龙灭绝时，地磁场正好处于强烈变化的时期。

地磁变化假说认为正是地磁的变化导致了恐龙的灭绝。这种假说又进一步分为三种观点。

第一种观点认为磁场强度的强烈变化会对生物个体产生不利的影响，引起它们细胞核组织生长的异常，使生物的器官形态和功能发生变化，最终导致生育能力丧失甚至过早死亡等等。这个结论是将小白鼠放到屏蔽了磁场的环境中观察得出的，科学家发现小白鼠处于无磁场的环境后，先后出现不活跃、提前衰老、皮毛脱落、生殖停止、提前死亡等现象。这种现象在医学上被称为"乏磁综合症"。

第二种观点认为地球的磁场伸向太空，对带电粒子产生的洛伦兹力一直保护着地球，一方面将来源于宇宙的高能带电粒子"挡出"地球，使地表免受高能带电粒子的伤害，另一方面阻碍地球大气层中的带电氧粒子逃逸到宇宙中去，保持了地球氧气的充足。但在恐龙灭绝前，频繁的变化导致地磁场对带电氧粒子的控制能力减弱，氧气被太阳辐射电离成带电氧粒子后逃逸出地球进入宇宙，大气中氧含量的下降引发了包括恐龙在内的多种生物的缺氧灭绝。

第三种观点认为地磁类似温度，可以决定恐龙胚胎的性别。地磁变化导致了恐龙的性别失调，雄性恐龙大量减少，大量恐龙蛋无法受精，因此新孵化的恐龙越来越少，最终由衰落走向灭绝。

植物中毒假说

被子植物是现今世界植物界的"统治者",但是在恐龙生活的中生代,植物界占据主导地位的却是裸子植物和蕨类植物。

被子植物可能在侏罗纪或者更早就从裸子植物中分化了出来,相对于裸子植物,被子植物进化出了更先进的器官和功能,能更好地适应多种自然环境。但在当时联合古陆还没有大规模裂解,处于稳定的热带和亚热带气候,被子植物的优势未能充分发挥。

直到白垩纪晚期,联合古陆逐步裂解,波及全球的造山运动在地球上形成多样化的气候环境。这时被子植物已经在很多方面都比裸子植物和蕨类植物进步,尤其是被子植物具有包裹着种子的果实,降低了外界环境对种子的影响,增强了其存活率,使被子植物能更广泛地扩散并适应更宽广的自然环境。因此在这场地球环境的巨变中,裸子植物和蕨类植物不断衰落,被子植物则分化出了多种多样的类型,迅速覆盖了地球的各个角落。

植物中毒假说认为,在漫长的 1.6 亿年里,裸子植物和蕨类植物与恐龙相伴,分别统治着地球的植物界和动物界,植食性恐龙的消化系统已经形成了对这些植物的依赖。在约 0.66 亿年前,当被子植物崛起成为植物界的"统治者"时,植食性恐龙食用了大量的被子植物(图 2-15),被子植物含有的马钱子碱、泻花碱等生物碱使植食性恐龙慢性中毒,导致植食性恐龙灭绝,肉食性恐龙失去了植食性恐龙这一主要食物来源,也跟着灭绝了。

图 2-15 植食性恐龙被迫吃下大量被子植物

酸雨假说

日本科学家将金属加速到高速状态，然后引导这些高速金属去撞击类似尤卡坦半岛陨石坑的岩石，试图模拟白垩纪末期的那次陨石撞击事件，以探索当时到底发生了什么。结果他们发现这次撞击产生了大量的三氧化硫，三氧化硫与空气中的水蒸气很快结合形成了强烈的酸雨。

酸雨假说认为，在白垩纪末期，由于陨石的强烈撞击，可能下过超大规模和强度的酸雨，这些酸雨一方面导致海洋严重酸化，浮游生物大量死亡，使食物链从最底层开始崩溃，进而连锁引发了包括恐龙在内的大量生物灭绝（图2-16）；另一方面将土壤中的锶等有害微量元素溶解，恐龙通过饮水和进食直接或间接地将有害微量元素摄入体内，最终中毒灭绝。

多因素假说

前面说到了很多试图回答恐龙灭绝原因的假说，我们对这些假说进行归类，可以发现这些假说有的属于灭绝的"诱因"，有的属于"内因"，有的则是"过程"。比如陨石撞击地球、火山大规模喷发和构造运动等假说是寻找恐龙灭绝的诱因；物种特化假说是对内因的探索；气候变迁、大气变化、地磁变化、植物中毒、酸雨、生殖受阻、性别失调等假说则是对过程的推测。

现在大部分的科学家都相信陨石撞击或者火山大规模喷发是恐龙灭绝的"导火索"。而物种特化又从恐龙自身演化的角度很好地回答

了它们灭绝的内因。剩下的关键问题在于探索这个灭绝的过程。

地球万物是普遍联系的，一种因素的变化往往可以激发一系列的连锁反应。比如板块构造运动可能引发大规模火山喷发、地磁场强烈变化、被子植物替代裸子植物和蕨类植物等一系列后果。火山大规模喷发或者陨石撞击地球都可能引发气候变迁和大气变化。大气变化可能引发强烈的酸雨。气候变迁可能引发恐龙生殖受阻、性别失调。恐龙性别失调归根结底又可能是由于气候或者地磁场变化。

因此多因素假说认为恐龙的灭绝是在多种因素综合作用下的复杂过程，这个过程持续了一个较长的时间。一些理论认为，早在 1 亿年前的白垩纪初期，受环境变化的影响，恐龙已经开始衰落，之后发生的陨石撞击和大规模火山喷发只是给了恐龙最后的"致命一击"。

图 2-16　强烈的酸雨破坏了地球的食物链

第 3 章

重庆正阳恐龙探秘

　　在重庆黔江正阳地区，先后发现了大量的恐龙
化石。

　　这里的恐龙是怎么发现的？
　　发现的恐龙有哪些类型？
　　它们是在什么时代和什么样的环境里生存的？
　　死亡的原因是什么？

现在我们知道，恐龙是在大约 0.66 亿年前的白垩纪末期灭绝的，这次灭绝让非鸟恐龙这个庞大的类群从地球上消失。为了探索恐龙灭绝之谜，世界各国科学家开展了大量的探索，形成了前述的多种假说。

在重庆黔江正阳地区，从 20 世纪 70 年代开始陆续发现了大量的白垩纪晚期恐龙化石。从这些化石的时代来看，已经比较接近恐龙的灭绝时期。对恐龙灭绝事件的研究，最重要的是找到恐龙灭绝时的化石，以及埋藏这些化石的地层，它们是研究恐龙灭绝的直接证据。目前的研究程度虽然不足以表明这里的恐龙化石与恐龙灭绝有直接的联系，但是对正阳恐龙更深入的研究有可能为揭开灭绝之谜提供更多线索。下面让我们一起来揭秘重庆正阳恐龙。

发现历史

1974 年秋，四川省地质局 107 地质队古生物工作者王长生根据正阳公社小学教师龚明远提供的线索，经过上报审批后组织抢救性发掘，在当时的黔江县正阳公社群众大队的红色地层中发现了牙齿、牙床、股骨等丰富的恐龙化石（图 3-1，图 3-2）。随后这些化石被送到中国科学院古脊椎动物与古人类研究所修复研究，最终被鉴定为鸭嘴龙、巨龙和肉食龙。这个恐龙动物群的化石极为丰富，但主要为鸭嘴龙和巨龙。

2006 年在该地区又发现了数件巨大的蜥脚类巨龙化石，包括股骨、胫骨、肱骨、尾椎和脉弧等部位（图 3-3）。2018 年，重庆地质矿产研究院受重庆市规划和自然资源局的委托，派出技术人员对该

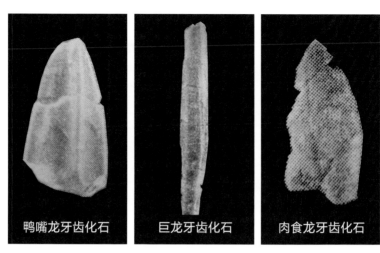

| 鸭嘴龙牙齿化石 | 巨龙牙齿化石 | 肉食龙牙齿化石 |

图 3-1 1974 年发现部分恐龙牙齿化石（王长生供图）

锋利的肉食龙牙齿化石，和植食性恐龙不同，
肉食龙牙齿形状犹如匕首

1974年由小学教师龚明远于黔江正阳发现，
现保存于黔江区文物管理所

图 3-2 肉食龙化石（张瑞刚摄）

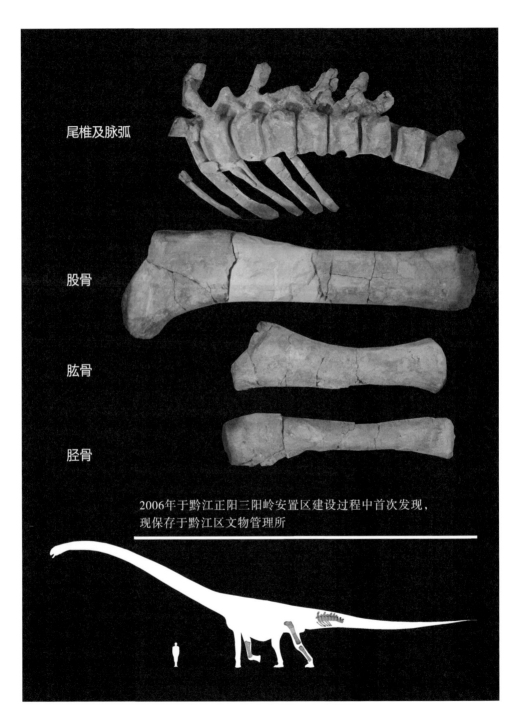

尾椎及脉弧

股骨

肱骨

胫骨

2006年于黔江正阳三阳岭安置区建设过程中首次发现，现保存于黔江区文物管理所

图3-3 巨龙化石（张瑞刚摄）

地区展开更加详尽的调查，最终在地表发现了多处新的恐龙化石点，这个发现也预示着在黔江正阳地区的地下"沉睡"着更多珍贵的恐龙化石。

正阳恐龙的类型

截至目前，黔江正阳地区已经发现的恐龙主要有三种类型，分别是：鸭嘴龙科、巨龙属和肉食龙次亚目。

鸭嘴龙

鸭嘴龙科在美洲、欧洲、亚洲和南极洲等地都有发现，是一种鸟脚亚目恐龙，以植物为食，体长 10 米左右，后肢粗壮，前肢较小，通过对它们的身体结构和足迹的研究，科学家认为它们靠前后肢四足行走。

这种恐龙之所以被称为鸭嘴龙，是因为它们宽扁的嘴部非常像鸭子的嘴，"鸭嘴"中长着多排牙齿，每排牙齿多达数十个。与其他的植食性恐龙将植物咬碎后直接吞下不同，鸭嘴龙进化出了通过上下颌的错动来咀嚼植物的功能。它们常常群居出现，这种群居方式类似现今非洲大草原上的羚羊，常常出现亲缘关系很接近但却不同种的多类型混杂在一起生活的现象。

有的鸭嘴龙的头上长有类似鸡冠的奇特头冠，这些头冠有高有低，或方或圆，形态也是千姿百态，有棒状、管状、盔状等等。这些头冠具有复杂的内部通道，内部的空间和它们的喉部连接起来，有科学家

推测这些头冠像乐器的共振箱，可以用来发声。

在时代的分布上，鸭嘴龙有一个特点，即它们只在恐龙即将灭绝的白垩纪晚期才出现在地球上。

巨龙

巨龙科是一种蜥脚亚目恐龙，在各个大陆都有发现，包括七十多个属。它们体长往往超过 20 米，以植物为食，靠四肢行走。这种恐龙在当时的分布范围非常广，但由于它们的骨骼比较脆弱，往往难以形成完整的化石。它们从侏罗纪晚期开始在地球上出现，一直延续到恐龙灭绝。巨龙与腕龙、梁龙、马门溪龙等蜥脚亚目恐龙"近亲"长得有些相似，但它们的体型非常粗壮，没有马门溪龙那样超长的脖子，而最大区别是它们站立时左右两侧的四肢分得比较开，同时一些种类的巨龙身上覆盖着由骨板构成的近六边形"盔甲"。

肉食龙

肉食龙次亚目是一种兽脚亚目恐龙，体型从小到大都有。它们从侏罗纪早期开始在地球上出现，一直延续到恐龙灭绝，在陆地上大部分地区都有发现。肉食龙以恐龙或其他动物的肉为食，腿部较长，前肢细小，靠后肢直立行走，长着一口犹如匕首般锋利的牙齿。

需要指出的是，由于黔江正阳地区已经发现的恐龙化石都比较分散，也比较破碎，所以我们只知道它们属于巨龙、鸭嘴龙、肉食龙这些"大类"，而具体是否为新的恐龙种属目前还不清楚。目前黔江正阳地区

恐龙化石的发掘和研究程度都还比较低，非常有可能发现新的恐龙种类，这都有待人们进一步的探索。

巨龙的长度

巨龙是一种大型到巨型的蜥脚类恐龙。它们往往由于身躯巨大引来世界的瞩目。

在我国发现的最大的蜥脚类恐龙主要有两类，一类是著名的马门溪龙，另一类就是巨龙。比如发现于广西扶绥的赵氏扶绥龙体长约25米，发现于河南汝阳的巨型汝阳龙体长约38米，发现于甘肃兰州盆地的大夏巨龙体长约30米，发现于辽宁北票的董氏东北巨龙体长约20米。

而且在世界上，最大恐龙的记录也往往是巨龙创下的。比如发现于北美洲的阿拉莫龙体长超过30米；发现于阿根廷的普尔塔龙体长约40米，阿根廷龙体长达到了42米。以上这些都属于巨龙类。

那么，黔江正阳地区的巨龙，又有多长呢？

在一些特定的条件下，恐龙化石可以比较完整地保存下来，在这种情况下可以通过测量来获取恐龙比较准确的长度。但是，在漫长地质年代中，化石的形成过程受到埋藏条件、时间、沉积物成岩作用等多种因素的影响，一般很难形成完整的化石。

在英国著名侦探小说《福尔摩斯探案集》中，福尔摩斯认为某个人的身高和他脚步的步幅长度存在一个大致的比例关系，他常常通过测量犯罪现场留下脚印的步幅，来推算罪犯的身高。这种对比的方法，也是科学家用来探索世界的有效手段。在化石保存不完整的情况下，古生物工作者也通过对比恐龙一些骨骼部位的大小和长度，来探索恐龙的体长。

通过将黔江正阳地区巨龙现有骨骼与同类别恐龙——巨型汝阳龙对比，我们推测这条恐龙体长在 25 米以上（图 3-4），很可能打破合川马门溪龙的记录，成为重庆目前发现的最大的恐龙。但是这个数据需要更多的化石证据支持，尤其是关键部位骨骼化石，这都有待我们进一步的发现和研究。

巨型汝阳龙

黔江正阳恐龙

图 3-4 巨型汝阳龙与黔江正阳发现的巨龙对比（陈阳制图）

形成的时代

在重庆、湖北、湖南和贵州的交界地区，分布着一系列串珠状排列的山间砖红色盆地，黔江正阳就是其中之一。

由于之前没有采集到化石，几十年来无论是地质教科书还是地质

报告和地质图件，这些砖红色砂泥岩的地层名称都一直沿用湖北宜昌一带相应的地层名称，被称为"东湖群"或"东湖砂岩"，其地质时代也按东湖群的时代定为约 0.66 亿年到 260 万年前的"第三纪"（即现在的古近纪和新近纪）。

确定地层中岩石的形成时间是地质学的基础，也是重要的科学命题。在地质学上，我们确定岩石形成时间的方法主要有两种，一种是用同位素定年，另外一种是通过古生物化石。由于地球上的古生物是在一定的时间范围内生存在地球上的，因此只要找到岩石中某种古生物，就可以判断这些岩石形成的时间范围。

鸭嘴龙广泛繁衍于北美洲、欧洲、亚洲和其他地区约 1 亿年到 0.66 亿年前的白垩纪晚期。在我国山东、内蒙古、宁夏和黑龙江等地发现的鸭嘴龙，也全部都在白垩纪晚期的地层中。另外巨龙在我国新疆、河南等地的白垩纪晚期地层中也有发现。这足以说明，黔江正阳地区的这些红色砂岩、砾岩也是白垩纪晚期形成的。

1975 年，王长生将这套产鸭嘴龙和巨龙的地层时代更正为白垩纪晚期，并以它们的发现地命名为"正阳组"，不再使用"东湖群"。这一研究成果以论文《川东南白垩纪恐龙化石的发现及其地层意义》发表在由中国地质科学院编辑、地质出版社出版的《地质科技》1975年第 6 期上。

随后，湖北、湖南和贵州的地质和古生物工作者纷纷到正阳地区考察，并将正阳组与自己所在地的地层进行对比，将相同或相似的地层也以此为名。"正阳组"一名后来进入"四川省岩石地层数据库"，永载地质史册。

正阳恐龙化石的时代建立是古生物地层学方法在鉴定地层时代中应用的一个成功案例，这一发现解决了几十年来这套地层悬而未决的时代问题。

生存的环境

研究表明，恐龙生活时期正阳地区的环境是干旱炎热的。首先，在黔江正阳地区我们可以看到这样一种现象：恐龙生活的时代形成的这些岩石的颜色普遍呈现红色（图3-5）。这是因为在干旱条件下，岩

图3-5 红色、紫红色的砂岩、砾岩反映干旱炎热的气候（陈阳摄）

石中的铁元素在强氧化环境中形成三氧化二铁，今天我们看到的红色正是三氧化二铁的颜色。其次我们在岩石中，还可以发现大量的碳酸钙结核（图 3-6），这种结核外形和我们常吃的生姜很相似，被称为"姜结核"，"姜结核"只有在干旱气候条件下才能形成。最后我们将岩石切成薄片放在显微镜下观察，还能发现石膏这种矿物的存在，石膏也是在干旱气候下形成的。

我们知道水是生命之源，恐龙这种庞然大物为了维持生命必然要消耗掉大量的水资源。在干旱炎热的条件下，恐龙需要的水在哪里呢？在黔江正阳地区的红色岩石中，我们发现岩石层的内部呈现一种和层

碳酸钙结核

图 3-6 碳酸钙结核（陈阳摄）

面斜交的细层结构（图3-7）。这是泥和砂在水流的作用下形成的，被称为"交错层理"，代表这里曾经有过水流。更让我们惊奇的是，在这里还发现了多个"古河道沉积体"，这是一种地质历史时期的古河流留下的沉积记录（图3-8）。通过更深入的观察发现，这些"古河道沉积体"中的砾石，都呈现出一种"叠瓦式"的排列方式，以一定的角度向北倾斜（图3-9），这种现象指示了当时河流的流向。综合这些发现，我们认为在当时的黔江正阳地区有一个古湖泊，姑且称之为"正阳湖"。通过测算，"正阳湖"的面积有数十平方千米，河流由北向南源源不断地为这个湖泊补给着水流。在干旱的气候条件下，正是"正阳湖"的存在，为这里的恐龙提供了赖以生存的水源。

图3-7　交错层理（陈阳摄）

图 3-8 古河道沉积体（陈阳摄）

图 3-9 "叠瓦式"排列的砾石（陈阳摄）

肉食性恐龙主要靠植食性恐龙的肉体为生，植食性恐龙靠植物为生。不仅水源，植物对恐龙的生存也十分重要。在岩石中，我们发现了植物的茎干化石（图3-10），这是这里曾经生长植物的证据。

在干旱炎热的环境下，"正阳湖"为恐龙提供了重要的水源，同时湖边的植被为恐龙提供了充足的食物，"有吃有喝"的环境吸引了周边的恐龙来到这里繁衍生息，白垩纪晚期的"正阳湖"犹如一片恐龙的天堂。

图3-10　植物茎干化石（陈阳摄）

化石的成因

　　动物化石的形成受到动物硬体自身条件、埋藏条件、保存环境和时间等多种因素的影响，绝大部分的动物死后都难以形成化石。曾有古生物学家作出推论：恐龙形成化石的概率是万分之一。据此我们认为在白垩纪晚期的黔江正阳地区，可能有大量的恐龙生活在这里。那么当时究竟发生了什么，让这里的恐龙化石形成并保存至今呢？

　　时光无法倒流，这一发生在几千万年前的事件我们已经不能亲眼目睹，因此要探索黔江正阳恐龙墓地之谜，还要应用地质学里"将今论古"的思想。

　　"将今论古"是指使用现今地质作用中观察到的规律去反推地质历史中发生过的事件，这种科学调查方法构成了地质学的基础。在这里，我们将运用现代沉积规律的"今"，去探寻讨论化石成因的"古"。

"正阳湖"的诞生

　　"正阳湖"并非一开始就存在的，"正阳湖"对周边的恐龙，也并非一直都那么"友善"。

　　大约 2 亿年前开始，地球上发生了全球性的大规模造山运动，被称为地球历史上的"燕山运动"。尤其进入白垩纪，构造运动越来越强烈，黔江正阳地区的地壳受到强有力的挤压，被挤压的地层褶皱隆起，成为绵亘大山，而黔江正阳由于相对较低的位置，形成了一个小规模的盆地。在重力的作用下，周边大山上的水流，不断向盆地中汇聚，形成了"正阳湖"（图 3-11）。

灭绝前夜
——重庆正阳恐龙探秘

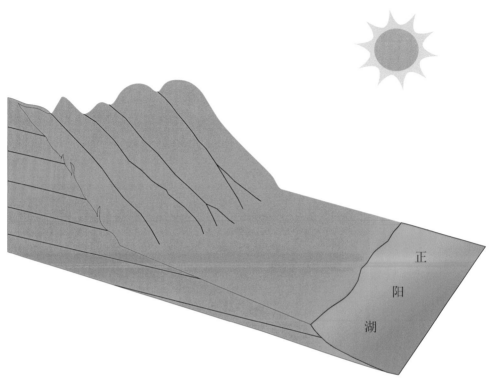

正

阳

湖

图 3-11 正阳湖的诞生（陈阳制图）

"正阳湖"的发展

　　最开始的时候，由于高低落差极大，湖边常常形成暴雨引发的垮塌，也就是我们俗称的"泥石流"，堆积了大量巨大的砾石沉积。观察这些砾石的外形可以发现和大多数河流中的"鹅卵石"不同，这里的砾石呈现出带尖的棱角状特征（图3-12），这是由于这些砾石被水流搬运的距离较短，还没有来得及将棱角磨蚀掉就堆积了下来。进一步观察发现，这些砾石"漂浮"在砂粒之中，这样的结构在地质学上被称为"杂基支撑"（图3-13）。在正常稳定的水流条件下，水中的砂和砾是缓慢地沉积下来的，这就有足够的时间进行"筛选"，使砾石相互之间紧密地接触，这种砾石之间接触的方式被称为"颗粒支撑"（图3-14），而"杂基支撑"只有在洪水这种非正常的强动力水流作用下才能形成（图3-15）。

随着时间的推移，巨大的砾石不断堆积，填补着"正阳湖"和周边山体的高度差距。暴雨引发的"泥石流"逐渐减少，最终演化为"辫状河"和"洪泛平原"。

图 3-12 正阳组棱角状砾石（陈阳摄）

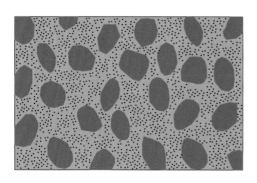

图 3-13 杂基支撑示意图（陈阳制图）

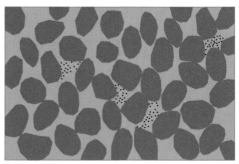

图 3-14 颗粒支撑示意图（陈阳制图）

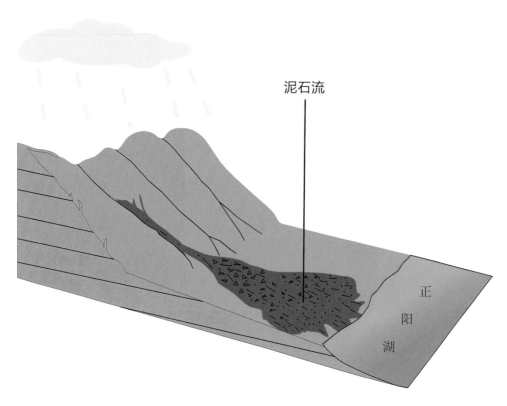

泥石流

正阳湖

图 3-15 泥石流的形成（陈阳制图）

与我们常见的江河不同，辫状河是一种在山区或者河流上游等地区发育的河流，这种河流有分叉的多个河道，形态上犹如头上的辫子一般，所以被称为辫状河。这种河流一般受到季节性洪水的影响，当洪水的流量过大时，河床内容纳不了那么多水流，就在河流两岸相对平坦的地方形成"洪泛平原"（图 3-16）。黔江正阳的恐龙化石，就埋藏在洪泛平原环境形成的岩石中。

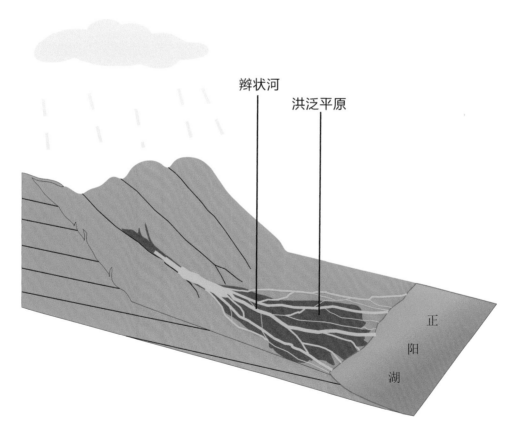

图 3-16 辫状河与洪泛平原的形成（陈阳制图）

化石的形成

　　化石的埋藏方式可以指示该化石的形成原因。埋藏方式主要分为两种：一种是生物死亡后就地掩埋形成化石，被称为"原地埋藏"；另一种是生物死亡后遗体经过水流等介质搬运后再堆积埋藏形成化石，被称为"异地埋藏"。

　　黔江正阳地区的恐龙化石大多数为零散的单个骨骼，产出的形态也杂乱无章，很多化石还破碎成了碎片，这样的埋藏方式是典型的"异地埋藏"。也就是说，这里的恐龙并不是在化石的产出地死亡的，而是死亡后被水流搬运过来的。

　　通过研究，我们认为在白垩纪晚期，正阳湖周围栖息的恐龙死亡后，遗体分布在周边的广大区域，由于一次较大的洪水暴发，洪水水流在向正阳湖汇集的过程中，将沿途的恐龙遗体冲刷搬运到正阳湖附近。在搬运过程中，辫状河河道由于水动力过强，没有将骨骼保存下来形成化石的条件，而在水动力相对较低的洪泛平原，恐龙骨骼不会遭到过度的破坏，容易被砂泥掩埋形成化石。在长达数千万年的掩埋过程中，恐龙遗体的软体部分腐烂分解，同时在地下水的影响下，一些矿物质对恐龙骨骼中的钙等元素进行了置换，发生了"石化作用"，形成了今天我们看到的黔江正阳恐龙化石。

参考文献

代辉，胡旭峰，余海东，熊璨．2019.山城龙迹——走进重庆恐龙世界．北京：科学出版社．

旷红伟，许克民，柳永清，董超，彭楠，王克柏，陈树清，张艳霞．2013.胶东诸城晚白垩世恐龙骨骼化石地球化学及埋藏学研究．地质论评，59(06): 1001-1023.

吕君昌．2014.巨型蜥脚类恐龙——巨型汝阳龙 Lü et al., 2009 的骨骼学研究．北京：地质出版社．

蒲含勇，吕君昌，徐莉，张纪明，贾松海，等．2014.巨龙惊现．郑州：河南人民出版社．

戎嘉余，袁训来，詹仁斌，邓涛．2018.生物演化与环境．合肥：中国科学技术大学出版社．

田晓雪，雒昆利，谭见安，李日邦．2005. K/T 界线的研究进展——兼论元素演化与恐龙灭绝的可能关系．中国科学院研究生院学报，(06): 11-19.

王博文，陈彬．2017.山东诸城地区晚白垩世恐龙化石特征及恐龙集群死亡分析．科技创新与应用，(04): 181.

王能盛，旷红伟，柳永清，彭楠，许欢，章朋，汪明伟，王宝红，安伟．2015.中国东部晚白垩世恐龙化石集群埋藏特征及国内外对比．古地理学报，17(05): 593-610.

王瑞平．2010.论大气环境的变化是导致恐龙灭绝原因的新假说．上饶师范学院学报，30(02): 78-82, 87.

汪晓伟，姚肖永，徐学义．2015.河南西峡晚白垩世恐龙蛋化石壳微量元素组成及其对恐龙灭绝的指示意义．岩矿测试，34(05): 520-527.

赵资奎，毛雪瑛，柴之芳，杨高创，张福成，严正．2009.广东省南雄盆地白垩纪 - 古近纪 (K/T) 过渡时期地球化学环境变化和恐龙灭绝：恐龙蛋化石提供的证据．科学通报，(02): 201-209.

周姚秀，潘永信．2001.地磁场与恐龙灭绝．见：中国地球物理学会．2001 年中国地球物理学会年刊——中国地球物理学会第十七届年会论文集．北京：中国地球物理学会．

Benton M J. 2017.古脊椎动物学（第四版）．董为译．北京：科学出版社．